牛安安讲电力安全丛书

居民安全用电 40条画册

《牛安安讲电力安全》编写组 编
王存华 顾子琛 绘

中国电力出版社
CHINA ELECTRIC POWER PRESS

图书在版编目（CIP）数据

居民安全用电40条画册 / 《牛安安讲电力安全》编写组编；王存华，顾子琛绘. -- 北京：中国电力出版社，2025.5. --（牛安安讲电力安全丛书）. -- ISBN 978-7-5239-0075-8

Ⅰ. TM92-64

中国国家版本馆 CIP 数据核字第 2025FJ0998 号

出版发行：中国电力出版社	印　　刷：三河市航远印刷有限公司
地　　址：北京市东城区北京站西街 19 号	版　　次：2025 年 5 月第一版
（邮政编码 100005）	印　　次：2025 年 5 月北京第一次印刷
网　　址：http://www.cepp.sgcc.com.cn	开　　本：880 毫米 ×1230 毫米　48 开本
责任编辑：马淑范（010-63412397）	印　　张：1.875
责任校对：黄　蓓	字　　数：43 千字
装帧设计：赵姗姗	定　　价：19.80 元
责任印制：杨晓东	

前言

五千年农耕文明孕育的"牛"图腾，是躬耕陇亩的勤勉、力量化身，更是追求卓越、努力超越的精神符号。当传统文化的基因流入现代电网安全体系，"牛安安"这个头戴安全帽、身着电力工装的安全卫士，正以萌趣十足又不失专业质量的形象，构建起新时代安全教育的超级符号。这个从国家电网有限公司第二届职工文创大赛中脱颖而出的IP，伴随着短视频、表情包、桌游、积木、书签、冰箱贴、帆布包等系列文创的广泛传播，牛安安的形象正慢慢走进电力职工的心中。

在视觉传播占据认知高地的今天，《牛安安讲电力安全丛书》以画册的形式应运而生，丛书具有鲜明的特色。

一是沉浸式阅读体验：原创插画＋韵律童谣＋知识卡片三位一体。

二是全场景安全覆盖：内容涵盖消防安全、电力设施保护、生产安全规范及居民用电安全等电网企业核心领域。

三是跨界表达创新：清新国漫画风＋通俗化文本＋互动化设计。

《牛安安讲电力安全丛书》突破传统宣教模式，适配电网企业安全培训、安全生产月、校园安全教育等多场景应用，实现"从学龄儿童到产业工人"的全年龄段覆盖。用文化 IP 重塑安全教育，让每个生命都与安全美好相遇。

牛安安小传

牛安安：电网公司一名安全管理人员，牛安安努力、
严谨，对生活充满热情。

电是最方便和清洁的能源，它与我们的生活密不可分。如何与电和
平友好相处，可是一门大学问。现在就跟随我的脚步，一起来了解日常
生活中那些应该熟知牢记的安全用电知识吧！

1. 买电器　防假冒　正规厂家才可靠

牛安安
安全课

假冒伪劣电器产品质量差，安全标准低，用料粗糙。易发生因零件破损导致的人员触电事故。

我们的安全日记

牛安安

安全课

水是良好的导体，潮湿的环境会使电器外壳、电线绝缘性能下降，大大增加触电风险。因此，不要用湿手湿布触摸、擦拭电器外壳。

3

牛安安

安全课

使用电熨斗、电吹风时，要远离易燃物品，用完及时切断电源。使用中人若离开，一定要关闭电源，以防发生火灾。

我们的 安全日记

早安

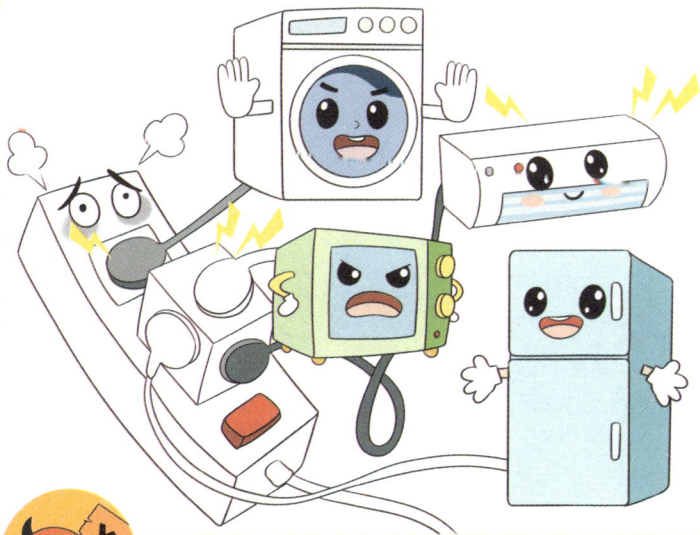

牛安安

安全课

大功率电器共用一个接线板时，不可超过接线板的额定容量，否则易造成接线板发热，绝缘层破坏，会烧坏接线板，引起火灾。

我们的 安全日记

安全课

电线外皮破损后要及时停电更换，包缠线路接头要使用绝缘胶布，不能用医药胶布或者其他胶布代替。

我们的 安全日记

牛安安

安全课

尽量把插座设置在孩子够不到的位置，以防止孩子用手或者导电物（如铁丝、钉子、别针等金属制品）去接触、探视电源插座内部，避免触电事故发生。

我们的 安全日记

牛安安

安全课

电脑、电视等家用电器短时不用时可设置休眠，既可省电，又能保护设备。但不可以因为设了休眠就长期不关机。

运转中的洗衣机不要随意触摸，更不可把水淋在上面，万一漏电会造成人身伤害或损坏电器。

我们的 安全日记

9. 电饭锅 放高台 远离事故和伤害

牛安安

安全课

使用电饭锅、电蒸锅等电器时，不要好奇打开锅盖或者拔下插头，以免造成触电、烫伤等伤害。

用电小常识

中性线（零线）
相线（火线）
接地

牛安安

安全课

三孔插座中的地线能将电器外壳上的静电导入大地，防止人体接触带电设备外壳时发生触电。因此，对于有金属外壳的电器，必须使用带有接地线的三孔插座。

19

我们的 安全日记

牛安安

安全课

使用电器时，应先接通电源，后合电器开关。擦拭电器时要先断开电源，再关闭开关，以防触电事故发生。

12. 电器具 出故障 不要带电乱拆装

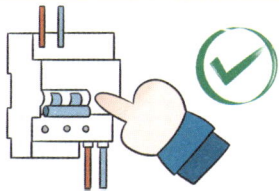

电器出现故障时，要先断开电源，然后请专业维修人员帮忙维修，切不可自己带电拆装维修。

13. 电器具　着了火　千万不要用水泼

牛安安
安全课

当电器失火时，要先断开电源，并用专用灭火器或者干燥的沙子来灭火。不要用水灭火，因为水导电，易触电伤人。

定期检查
防患未然

牛安安

安全课

家庭电线与电器定期检查可以及时发现并解决潜在的安全隐患。可检查电线外皮是否有破皮磨损，电器外观是否破损，内部是否有异物、潮湿等。

我们的 安全日记

牛安安

安全课

插头插入插座要牢固结合要紧密，因为松动不仅多耗电，还可能损坏电器。拔插头时不要拉拽电线，容易造成电线损伤，危及人身安全。

16. 燃气泄 莫开灯 开门开窗快通风

关闭

发现燃气泄漏应保持冷静，迅速关闭燃气阀门，并打开门窗，让空气快速流通。在室内不打电话、不开关电器，人到户外再拨打110、119或者拨打燃气公司抢修电话。

我们的 安全日记

使用漏电保护器，当电器出现故障时会自动断电。

牛安安

安全课

安装家用漏电保护器非常必要，因为漏电保护器能够在检测到漏电或者触电时迅速切断电源，从而避免触电事故的发生，确保人身安全。

18. 玩手机 莫充电 边玩边充有危险

牛安安

安全课

边充电边玩手机时，充电电流一部分给手机充电，一部分满足手机的正常使用。如果使用的是劣质充电器或手机器件已经老化，就可能导致漏电。此外，还容易造成手机温度快速升高，因此，建议充电时尽量避免玩手机或进行通话。

牛安安

安全课

电暖器、电暖扇等取暖电器，在使用时机体温度很高，需远离窗帘、沙发等易燃物品，避免发生火灾。

我们的 安全日记

牛安安

安全课

电热毯在使用时应该上床之前开启，上床入睡之前要及时关闭。另外，不要在软床上使用电热毯。因为软床容易让电热毯的电热丝在受力时弯折，甚至拉断。不仅容易发生漏电事故，还可能对人体造成伤害。

牛安安

安全课

充电暖手宝在使用过程中要注意不要直接贴皮肤，以防烫伤，也不要在潮湿的环境中使用，以免发生短路或触电风险。另外给暖手宝充电时一定要确保有人在场，以便及时处理可能发生的异常情况。

我们的 安全日记

22. 家电器　有寿命　使用年限要记清

家用电器都有一定的使用年限，超出这个使用年限，会有安全隐患。空调、电视机、洗衣机的使用寿命是 8~10 年，冰箱是 10~12 年，电热水器的使用年限是 8 年，微波炉的使用年限是 10 年。注意：就算家里的电器还能正常使用，超过了安全使用年限也是需要更新换代。

牛安安

安全课

家用电器应放置在无阳光直射的地方，保持通风良好，尽量避免长时间连续使用。电器周围禁止放置易燃物品。

早安

家庭成员要知道总开关所在位置，万一出现短路、断路，电器失火等情况能够及时关闭总开关。

我们的 安全日记

牛
安
安

安全课

临时用电客户需要向供电公司提交临时用电申请书，经批准后方可用电，以保证临时用电的安全性和合规性。在具体操作中，应严格按照相关政策和规定执行，不能私拉乱接，以避免可能的安全风险。

牛安安

安全课

室外景观喷泉有漏电风险，带孩子游玩时，不要让孩子靠近玩耍戏水，更不要在喷泉间来回穿梭，以防发生触电事故。

我们的 安全日记

牛安安

安全课

外出游玩时，不要随意触碰景观灯，因为景观灯在运行中积聚了许多热量，若因好奇去触碰、掰折，很容易发生烫伤。一些景观灯有时会因外力破坏导致电线外露，有一定的漏电、触电风险。

28. 选对桩　很方便　保护电池还安全

牛安安

安全课

为电动自行车充电时，尽量选择小区内的充电桩，不仅安全性高，而且满电自动停充的功能对电池也是一种保护。

我们的 安全日记 早安

牛安安
安全课

电力线路断落时，千万不要靠近，要与落地点保持至少8米的距离，并立刻报警，并通知专业人员处理，严禁靠近或者挪动电线。

我们的 安全日记

牛安安

安全课

雷雨大风天气时出行，要远离电力设备。如在积水的路面行走，一定要左右查看是否有电线断落在积水中。如遇到这种情况要赶紧远离，并及时拨打供电服务热线 95598 报修。

我们的 安全日记

牛安安

安全课

强雷雨天气，雷电可能通过电线、网线、电话线进入室内，使电器受损，引起火灾。因此，在雷电天气时应关闭电器，拨下电源、网线和电话线插头。室内进水时，要及时断开电源总开关，防止电器设备进水漏电。

我们的 安全日记

雷雨刮风时，要远离容易被雷电击中的大树和电线杆。如果在游泳或者划船时遇到雷雨天气，要迅速离开水面，否则也容易遭到雷击。

牛安安

安全课

提醒儿童在玩耍时一定不要靠近电线杆、变压器、配电箱等电力设施，避免发生触电事故。

牛安安

安全课

私自调整电能表偷电，一经发现，不仅要追缴电费而且须缴纳电费五倍以下罚款，数额较大的还要追究刑事责任。

我们的 安全日记

牛安安

安全课

很多电力铁塔、输电线路、变电设备都挂有不同颜色、不同形状金属牌，这就是电力安全标志牌。和交通安全提示牌一样，它在默默守护我们的生命。所以，不要在标识上胡乱涂画，不损坏电力标识。

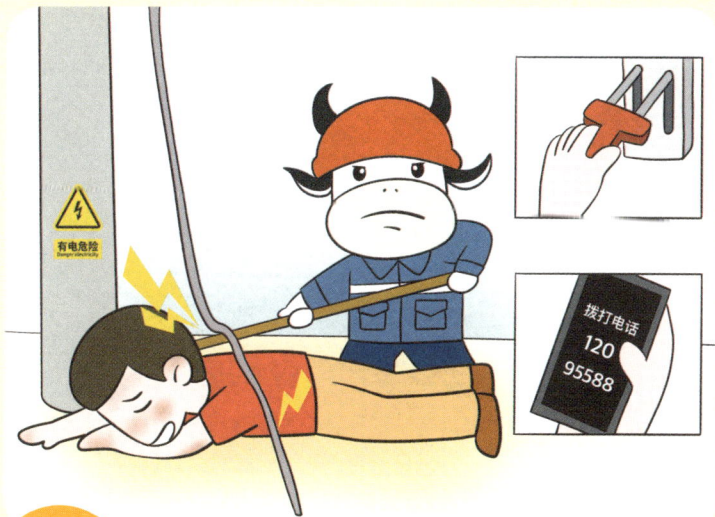

牛安安

安全课

若发现有人触电，首先要立马切断电源，或者用干燥的木棍等绝缘物体将触电者与带电的电器分开，千万不要用手直接救人。尽快拨打120急救电话。

71

我们的 安全日记

触电者脱离电源后，应立即就近移至干燥通风处。

牛安安

安全课

触电者脱离电源后，应立即就近移至干燥通风处，在医务人员未到现场之前，可根据触电者受伤害的轻重程度进行现场救护。若触电者呼吸和心跳均未停止，应让触电者就地躺平，安静休息，不要走动，以减轻心脏负担，并严密观察呼吸和心跳的变化情况。

牛安安

安全课

若触电者心跳停止、呼吸尚存，则对触电者做胸外按压。触电者呼吸停止、心跳尚存时，可对触电者做人工呼吸。若触电者呼吸和心跳均停止，按心肺复苏方法进行抢救。

我们的 安全日记

39. 警示牌 花样多 牢记口诀不出错

牛安安

安全课

遇到禁止警示牌，不论图中画些啥，切记遵守不能干。
遇到警告警示牌，小心谨慎看仔细，危险就在你附近。
遇到指令警示牌，命令就在里面藏，遵守照做不走样，
安全守护在身旁。遇到提示警示牌，突发事件不要慌，
看清提示它帮忙。

77

我们的 安全日记

40. 电动汽车要充电　方法正确很关键

充电前，仔细阅读充电桩上的操作步骤说明，严格按提示操作。检查充电线缆和插头是否有磨损或老化，充电接口是否清洁、无损坏。如有问题，要及时更换或维护。充电时保持环境通风，避免高温或密闭空间。充电区域应干燥，防止水或湿气进入充电设备。充满后及时断电，防止电池过充。

牛安安
安全课

我们的 安全日记